話したくなる

おもしろすぎる学校(がっこう)のひみつ

朝日新聞出版

学校には知らないことがいっぱい!

ひぃー。まいったまいった。

毎日学校に来てるけど意外と学校のことって知らなかったんだね。

だよねー。確かに校しゃの入り口って何で玄関じゃなくてショーコーグチって言うのかな？

そうそう。入り口だから玄関でいいはずなのに。

ショーコーグチは漢字で「昇降口」。上り下りする入り口のことだよ。

あ、先生！

昇降口とは英語で言えば「ハッチ」。船の入り口のこと。でも、何でこの言葉を校しゃの入り口に使っているのかは、よくわかってないんだって。

ちなみに、学校の玄関は他にあって、先生やお客さんが出入りする場所をいうよ。

おおお！さすがは先生！

もっと学校のこと教えて！

学校のことを知りたいならいいところがあるよ。

いいところ？

学校資料室……？
学校資料室
学校や勉強の歴史などに関する資料を展示している教室だよ。
ここの先生、学校のことにすごくくわしいんだ。
こんにちはー。失礼しまーす。
ガチャ
うわー。何かいろいろあるねー。
……？あの小さい黒板みたいなものは何だろ？
あそこの絵は何に使うのかな？
それは2つとも昔の勉強道具だよ。
え？これが？

やあ
こんにちは。
学校のひみつを
知りたいん
だってね！
この小さい
黒板みたい
なのは
「石盤」。
この絵は
「掛図」って
言うんだ。
へー。
石盤ていうんだ。
それで何に使う
道具なの？
知りたーい。
先生、教えてーっ！
おっと！ その前に
「小学校」という
ものの歴史について
教えちゃおうかな！
ペラ
ペラ
あいかわらず
説明好き
ですね……。
そもそも
いつから日本に
小学校が
できたのかと
いうと……。
ふむ
ふむ。

今から百五十年以上前の江戸時代の日本には小学校というものはなかったんだ。

えっ。そうなんだ。

江戸時代って武士が日本を治めていた時代だよね。

そのとおり。当時は武士の子どもたちが通う学校はあったけど、庶民の子どものための学校はなかったんだ。

そのかわり、民間の寺子屋とか手習いと呼ばれる今で言えば塾のようなところに通っていた。

寺子屋では「読み」「書き」「そろばん」といって、主に生活に必要な、文字の読み方と書き方、それに、そろばんの使い方を勉強していたよ。

今みたいにみんなが同じ科目をやるのではなくて、それぞれの進み方に合わせて先生が個別に指導していたんだ。

読み書きできる人の割合は、当時の世界でもトップクラスといわれるよ。

寺子屋にはたくさんの子どもたちが通っていたから、江戸時代の終わりごろで人口の半分くらいの人が読み書きができたといわれているんだ。

トップ？

おおすごい！

そして江戸時代が終わり明治時代になってついにみんなが通える小学校が誕生したよ。
このときから今のように先生の方を向いて、みんなで同じ授業を受けるようになったんだ。
あ、掛図。前に置いてみんなで見て勉強するんだね。
多くの小学校はもとは寺子屋だった場所に作られてあっというまに日本全国にふえていったんだ。
給食
遠足
運動会
そして今みたいに給食や遠足、運動会なども行われるようになっていくんだけど……。
これには面白い話があってね……。
えー。何、何？聞きたーい。
ではこれからいろんな小学校のひみつを探しに行こう！
次のページから始まるよ！
フフフ
おー！

もくじ

1章 あした話したくなる 学校や校しゃのひみつ

あした話したくなる

学校生活のひみつ

2章

3章
あした話したくなる勉強道具のひみつ

どこからでもすぐに読めます!

あした話したくなる

勉強のひみつ

4章

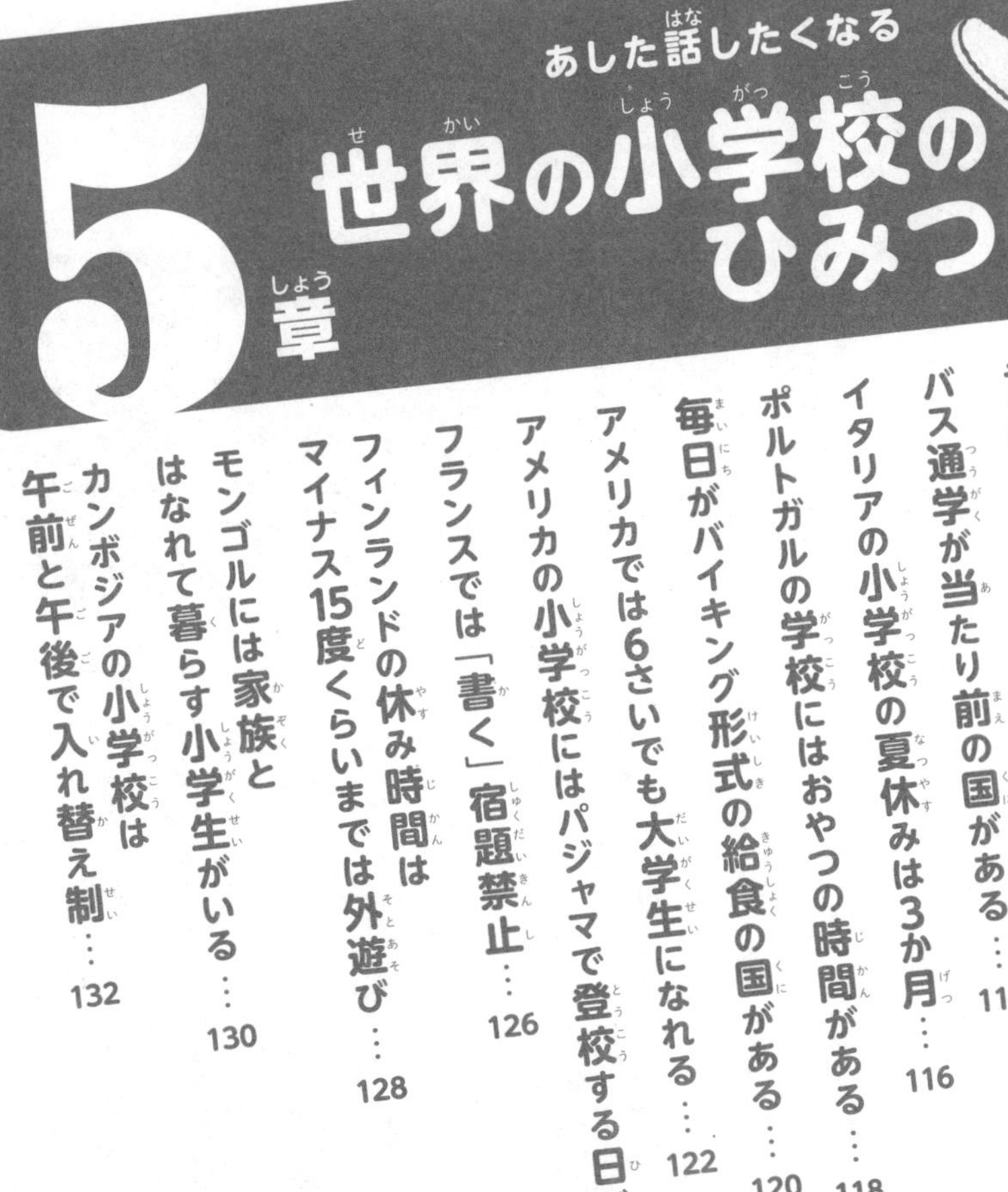

5章 あした話したくなる 世界の小学校のひみつ

知ってびっくり！ こんな学校！

1章

学校や校しゃのひみつ

学校に桜の木が多いのは日本人の心にぴったりだから

春になるとピンクの色をつける桜の木。日本全国の小学校の校庭には、桜の木が植えられていることが多いですね。

江戸時代には、桜のお花見が庶民の間でも行われるようにな

学校に植えられている桜は、たいていソメイヨシノという品種なんだって。

り、桜は多くの日本人に親しまれるようになりました。

学校に桜の木が植えられるようになったのは、今から120年ほど前。明治時代に入って、日本の教育が整備されていく中で、日本人の心を表すのにぴったりであるという考えなどから、学校に桜を植えることが勧められ、全国に広まりました。開花の時期が卒業式から入学式にかかり、学校の大切な節目の行事をいろどっています。

入学式に桜の前で記念撮影したよね。
ソメイヨシノは、江戸時代に、今の東京の染井村というところで作られた桜の品種だよ。

学校のチャイムは世界遺産の音だった

キ〜ンコ〜ンカ〜ンコ〜ン……。

授業の始まりや終わりを知らせるチャイムの音。

実はこれ、イギリスにある世界遺産、通称ビッグベンの鳴らす鐘の音と同じメロディーなのです。このおなじみのチャイムになる前は、ベルやサイレンを鳴らして時間を知らせていました。

学校のチャイムがこのメロディーになったのは、ある中学校の先生が、学校の時間の合図としてこの「安らぎを感じられる音」に目を付けて、チャイムの音に採用したのが始まりです。そして、このメロディーが日本中に広まったそうです。

ビッグベン

イギリスの世界遺産「ウェストミンスター寺院」の大きな時計塔にかけられた鐘の愛称。毎日15分ごとに、学校のチャイムでおなじみのメロディーが流れる。

教室の窓は日光が入りやすい南向きが多い

教室は、勉強しやすくするために、どれくらいの明るさを保たなくてはならないかが決められています。そのため、日光が入りやすい南向きに窓があることが多いのです。

西
北
うちの学校の教室の広さは、横が約7メートル、縦が約9メートル。これって全国によくある広さなんだって。

また、黒板は教室の西側にあるので、日光は左側から入ります。日本人は右利きが多いので、左側から光を受けたほうが、手の影ができなくて文字が書きやすいからです。

ちなみに教室の天井は、3メートル以上あり、ふつうの住宅の天井よりも高くなっています。これも、教室にたくさんの光を取り込むための工夫だと言われています。

南

結構広いんだね。

最近は、教室の壁を取りはらった
フリースペースのような
広い場所で授業をしている学校もあるよ。

黒くないのに「黒板」なのは最初は黒かったから

月　日　曜日

日直 ――

深緑色なのにどうして「黒板」というのか、不思議に思ったことはありませんか。黒板はアメリカ生まれ。最初のころは黒色だったので、黒い板という意味の「ブラックボード」という名前が付けられました。

もともとは黒かったんだね！
緑色は目に優しいともいうよね。

でも、黒いと光が反射して、書かれている文字が読みにくかったので、今のような深緑色になりました。ただ、名前は「ブラックボード」のままでした。それで、アメリカから日本に入ってきたとき、英語をそのまま翻訳したため、名前が黒板となったのです。

また、左右で少しカーブしている黒板を使っている学校もあります。これは、いちばん前の両端の席からでも、黒板に書かれた文字が見やすくなるからです。

黒板は鉄板を深緑色にぬって作られているから、磁石がくっつくんだ。

理科室のいすに背もたれがないのは事故をふせぐため

理科室のいすは、腰をかける部分だけで、背もたれはありませんね。これは、理科の実験できけんな薬品を使ったり、火を使ったりすることが関係しています。

机の上の面が黒いのは、粉の薬品がこぼれてもすぐに気づけるようにする工夫なんだ。

いすに背もたれがあると、実験中に有毒ガスが発生したり、火花が散ったりしたとき、危険なものから体を離すのに一歩おくれてしまいます。そこで、何か起きたときにすぐ体をよけられるように、背もたれがないいすを使用しているのです。

ちなみに、机のすぐ横にある水道の蛇口は、実験後のビーカーなどを洗うものですが、万一、液体の薬品などが手にかかってもすぐに洗い流せるので安心ですね。

理科室には事故をふせぐための工夫が、いっぱいあるんだね！
実験や観察のときは、先生の言うことをしっかり守って、行うことが大事だね。

音楽室の作曲家の絵はもともと楽器のおまけだった

みなさんの学校の音楽室の壁に、バッハやモーツアルト、ベートーベンなど有名な作曲家の絵がかざられていませんか。

このような音楽家の絵が音楽室にかざられるようになったきっかけ

最初は「作曲家カレンダー」だったのか。

ベートーベン

ドイツの大作曲家。
代表作は「交響曲第5番（運命）」など。

今は、約30人分の作曲家の絵がセットで売られているんだって。

は、今から約70年前、楽器屋さんが楽器を売るためにつけていたおまけにあります。

　おまけとしてつけていたカレンダーには、作曲家の絵がえがかれていました。それをもらった音楽の先生が、作曲家の絵の部分だけを音楽室にかざったそうです。その後、文部省（今の文部科学省）が作曲家の絵を教材に指定したため、音楽室には作曲家の絵がかざられるようになったのです。

モーツアルト

オーストリアの天才作曲家。代表作は「キラキラ星変奏曲」など。

ちなみに、音楽室の壁にたくさんの穴があいているのは、音を穴の中に吸収して、外にもらさないためなんだよ。

保健室が1階に多いのは校庭からかけこみやすいから

みなさんの学校の保健室は、校舎のどのあたりにありますか？　1階の校庭に面したところにあるのではないでしょうか。

　その理由は、校庭でけがをした人が保健室にやってくること

保健室に行くと、なんだかゆったりリラックスした気分になれるよね。
保健室の先生は、移動教室や修学旅行にもついてきてくれるから、安心だよね。

が多いからです。保健室の入り口が校舎の内側だけではなく、校庭に面した側にもあるのも、けが人がすぐに保健室に入りやすいからです。

　ところで、明治時代の中ごろまでは、学校に今のような保健室はありませんでした。1905年に、「トラコーマ」という目の病気がはやったことをきっかけに保健室ができたそうです。

保健室の先生は、
養護教諭といって、医者や看護師ではないんだ。
大学や短大、専門学校で
専門の勉強をした人がなるんだ。

プールの水は2リットルのペットボトル15万6千本分

小学校のプール（※）に深さ1メートルになるように水を入れたとすると、その水の量は、2リットルのペットボトルで約15万6千本分にもなります。

ところで、プールの授業を行わない季節でもプールの水をためたままの場

※長さ25メートル、はば12.5メートルのプールの場合

合がありますね。これは、火事が起きたとき、防火用水として使うためです。
学校で水泳の授業をするようになったのは、1955年に瀬戸内海で起きた紫雲丸という船の水難事故がきっかけです。子ども達に泳ぎの技術を身につけさせることを目的に、全国で水泳の授業が始められました。

小学校のプールが25メートルの理由

たいていの小学校のプールは25メートルの長さ。これは、水泳の公式な競技の距離が50メートル、100メートル…のように、25の倍数だからといわれる。25メートルを何回か折り返せば、それぞれの距離になる、というわけだ。

紫雲丸には、修学旅行中の小学生が乗っていて、多くの犠牲が出たんだって。

外国の小学校では、水泳の授業は、外部のプールを利用して行われたり、そもそも水泳の授業がなかったりするんだよ。

1
2

体育館の屋根にアーチ型が多いのはくずれにくいから

みなさんの小学校にある体育館の屋根を遠くから見てください。どんな形ですか？　多くの小学校の体育館は、かまぼこのようなアーチ型の屋根になっています。

なぜかというと、アーチ型の屋根は上からの力に強く、くずれにくいからです。

体育館は、中で運動しやすいよう、広い空間になっていて、屋根を支える柱がありません。

屋根に雪など重いものが積もったとき、平らな屋根だと、たわんだりくずれたりしてしまいますが、アーチ型の場合、上からの力に強いので、くずれにくいのです。

アーチ型と平らな屋根の力のかかりかたのちがい

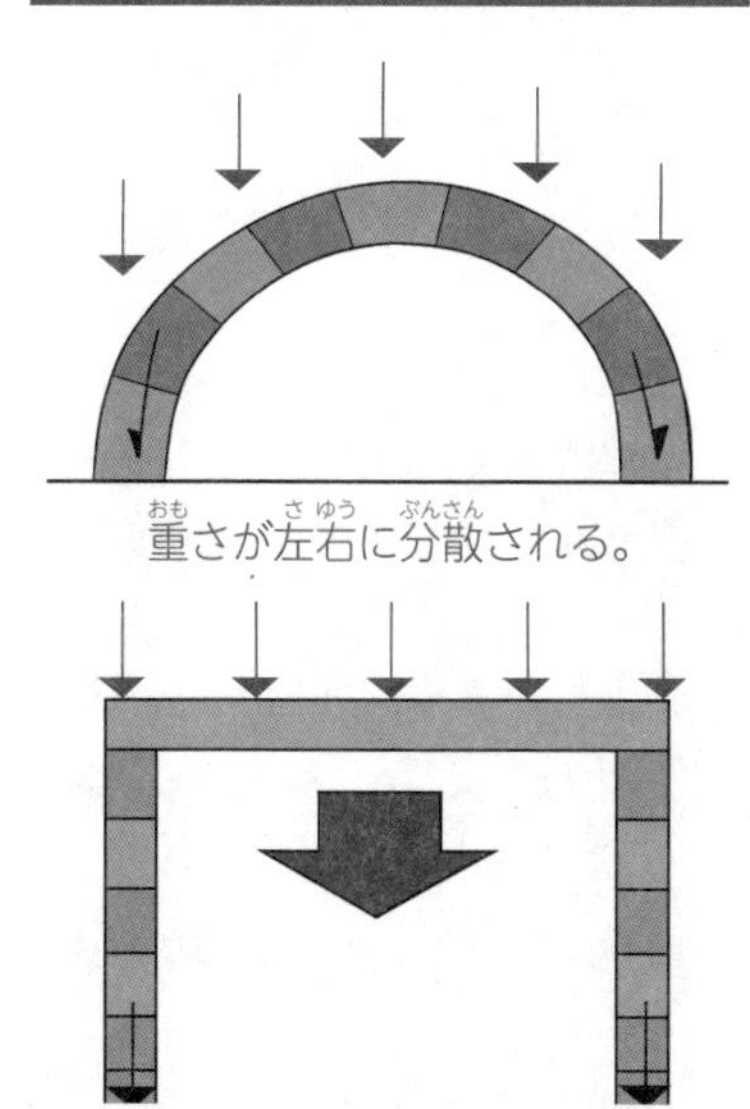

重さが左右に分散される。

重さがそのまま下にかかる。

うんていは古代中国の秘密兵器だった

みなさんの小学校の校庭にうんていはありますか。

うんていは、はしごのような形で、はしからはしまでぶら下がってわたる遊具です。

うんていの名前は、古代中国で敵の城に入り込むために使われていた秘密兵器「雲梯」がも

とになっています。

雲梯は、台車の上に折りたたんだはしごがあり、攻め込みやすい所まで移動してはしごをのばし、城の周りの高い壁を上って城の中に攻め込むための兵器でした。

城の壁を上るための兵器なんだね。
古代中国の兵器・雲梯
ちなみに、「雲梯」とは、「雲に届きそうなはしご（梯子）」という意味だよ。

校庭にあるなぞの白い箱は気象観測の道具

みなさんの学校の校庭のかたすみに、白い箱が置かれていませんか？

これは、「百葉箱」といいます。この箱の中には、温度や湿度が測れる道具が入っていて、昔は全国の気象観測に欠かせない大切なものでした。それから、

理科の授業で気温や湿度の学習をする際にも使われてきました。

今は、国の気象観測の一部としての役割は終えて、どんどん姿を消していますが、中の観測機器を新しく入れ替えて、理科の授業で利用したり、ヒートアイランド現象の調査に役立てたりしている地域もあります。

「百葉箱」という名前は、白い板の重なり方が、ひだのたくさんある牛の胃（百葉）に似ていたことから付けられたんだって。

百葉箱

地面から 1.2 ～ 1.5 メートル、扉は北向きで、直射日光や雨の影響がない、風通しのよい場所に設置するという基準がある。

ヒートアイランド現象というのは、都市部がまわりの地域よりも高温になる現象のことだよ。

知ってびっくり！
こんな学校！

まずは古い学校編。

明治時代になる以前の昔あった学校や明治時代になってできた小学校のおもしろいお話をいくつか紹介するよ。

日本一古いといわれる学校

足利学校

栃木県

戦国大名に仕えた人もここで勉強した？

栃木県にあった足利学校は、一説には平安時代につくられた日本一古い学校。おもに僧侶が通い、儒学という道徳のような学問や兵学を学びました。戦国時代には、ここで学んだ人が戦国大名に仕えることもありました。

「東大」のルーツ？

昌平坂学問所

東京都

江戸幕府の正式な学問所

江戸幕府の家来たちの教育のためにつくられた学校。庶民は入学することができませんでした。明治時代になって昌平学校と名前を変えて、やがて他の学校と合わせて東京大学になりました。

こっちもかなり古い学校

綜芸種智院

京都府

お坊さんが作った庶民のための学校

平安時代に空海という有名なお坊さんがつくったといわれる学校。当時は貴族など身分の高い人しか学校に行けませんでしたが、綜芸種智院は庶民が勉強することができるようにつくられたといいます。

明治時代の洋風っぽい校しゃ

開智学校

長野県

現在では国宝に指定されている

長野県にあった開智学校の校しゃは、明治時代に流行した、日本の技術を使いながら見た目は西洋風につくられた日本独特の建築物です。今でも建物が残っていて、2019年に国宝に指定されました。

日本一古い公立小学校

上京第二十七番組小学校

京都府

下京第十四番組小学校

京都府

1869年5月21日に開校したこの2校は、日本一古い公立小学校といわれています。今はさまざまな変遷を経て、それぞれ御池中学校、修徳小学校となっています。御池中学校には「日本最初小学校」という石碑があります。

2章

学校生活のひみつ

4月1日生まれの人は上の学年になる

小学校の入学は満6さいになった年の4月ですが、4月1日生まれの人だけは、6さいになる前（1年前）の4月に1年生になります。

これは、日本の法律では、年を取るのは誕生日の1日前の午後12時と決められているからで

上の学年

4月1日生まれ　3月31日生まれ　3月30日生まれ　3月29日生まれ…

す。つまり、4月1日生まれの人は、前日の3月31日の午後12時に1つ年を取ると決められているのです。

そのため、たとえば2018年4月1日に生まれた人は、2017年の4月2日から2018年の3月31日に生まれた人にまじって、いっしょに1年生になるというわけです。

下の学年

4月2日生まれ
4月3日生まれ
4月4日生まれ
4月5日生まれ
…

日本の法律では、じっさいに生まれた時間は関係ないんだね。

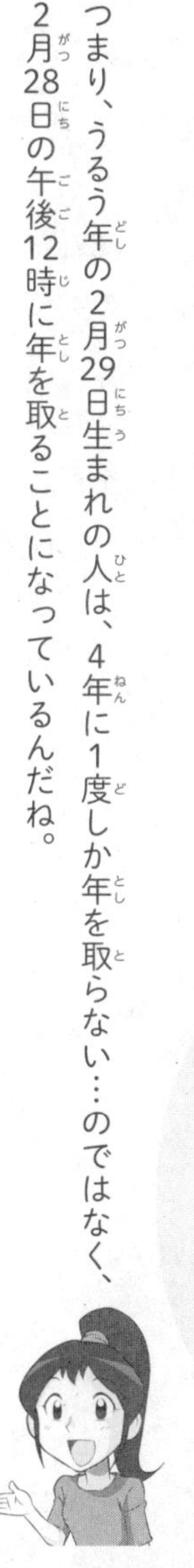

つまり、うるう年の2月29日生まれの人は、4年に1度しか年を取らない…のではなく、2月28日の午後12時に年を取ることになっているんだね。

学校が4月に始まるのは世界ではめずらしい

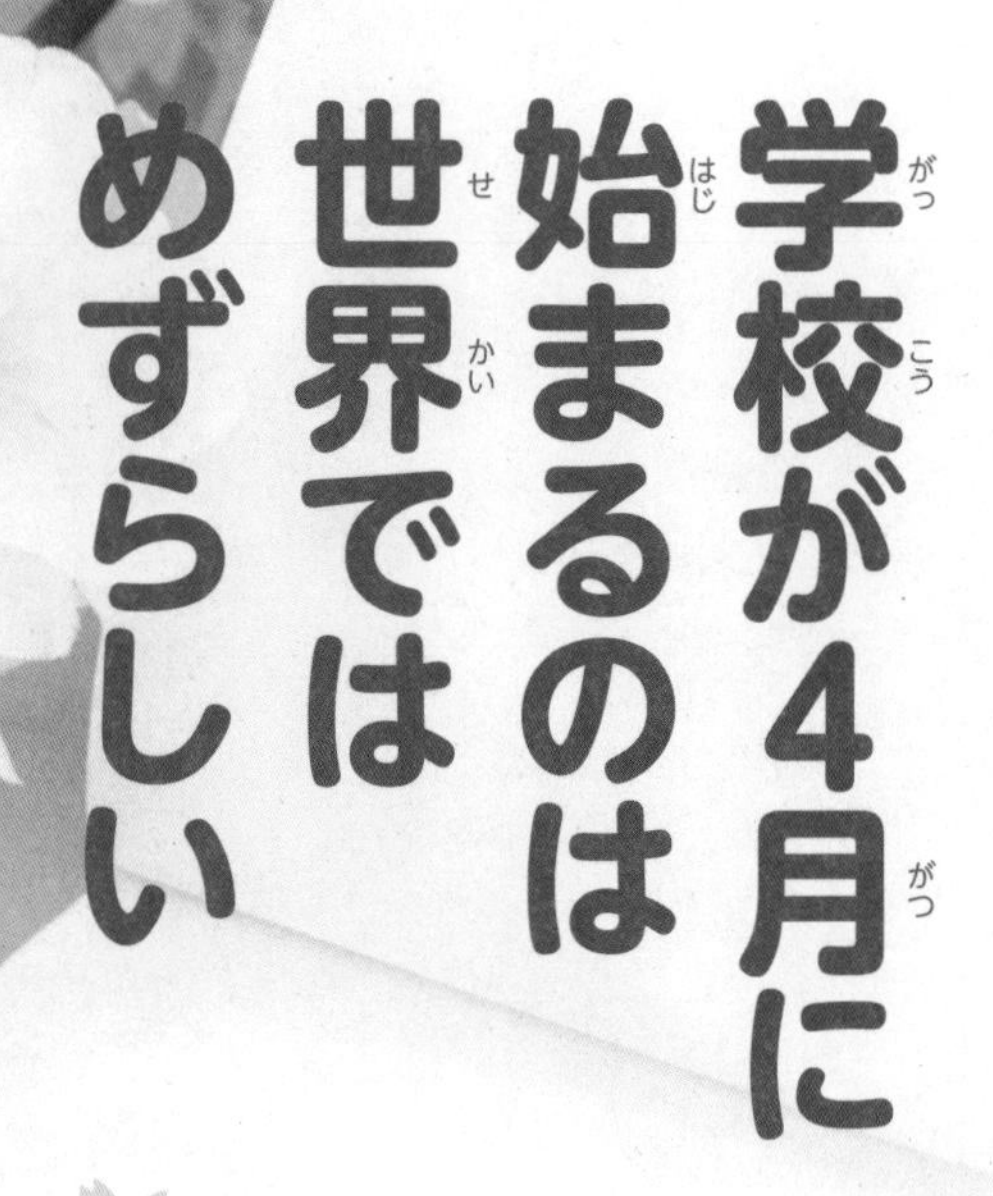

アメリカやヨーロッパは9月に新学年が始まる国が多いよ。日本でも外国に合わせて9月始まりにしようと検討されたことが何度かあったよ。

日本の学校では、4月に新年度が始まりますね。小学校ができたころの約160年前は、新年度の始まりがばらばらでしたが、やがて4月に始まるようになりました。

国の1年間に使うお金が4月〜3月という区切りになっていることから、そのお金を使う学校の始まりが4月になったなどの理由があります。

日本の小学校では、入学式や始業式で、校歌を歌ったり、校長先生のお話を聞いたりしますが、アメリカやヨーロッパでは、入学式や始業式そのものがない学校がたくさんあります。

校長先生はみんなより先に給食を食べている

4時間目になると、給食室からいいにおいがしてきて、そわそわしてくる人も多いのではないでしょうか。

じつは、みなさんの給食の時間よりも早く給食を食べている人がいます。それは校長先生です。

これは、「検食」といって、小学校の子どもたちに出していい給食になっ

ているかどうかを、実際に食べてチェックする、校長先生の大切な仕事の一つです。

チェックする内容は、食べ物の中に何か変なものが入っていないか、変なにおいがしていないか、変な味になっていないかなどがあります。

みなさんが安全でおいしい給食を毎日食べることができるのは、校長先生のおかげでもあるのです。

給食でカニがまるごと出てくる小学校がある

富山県射水市には、冬になるとベニズワイガニがたくさん水揚げされる漁港があります。

そこで、地元の特性を生かして、市内の小学校では、毎年6年生一人ひとりにカニをまるごと1ぱい、給食に出しています。

また、沖縄県では、ゴーヤーチャ

え～っ、カニ～っ!?
すごく豪華な給食だね！
うらやましい。

写真：射水市教育委員会

ンプル、愛知県ではひつまぶし、山梨県ではほうとうなど、各地にさまざまなご当地給食があります。

このようなご当地給食は、地元の特産品を知って、昔から受け継がれてきた食文化を大切にしていくよい機会となっています。

給食から生まれた名物料理

郷土料理が給食になるのと反対に、給食から郷土の名物料理が生まれた例もある。たとえば三重県津市名物の、直径 15 センチメートルもある巨大な「津餃子」は、もともとは学校給食のメニューだった。

日本初の給食は焼き魚、漬け物、おにぎりだった

日本の学校が始まったころは、給食はなく、お弁当を持って来ていました。

日本で最初の給食は、１８８９年に山形県の私立忠愛小学校で出されたものだとされています。

家がまずしくてお弁当を持って来られない子どもがたくさんいた

私立忠愛小学校で出された給食の複製

写真：独立行政法人日本スポーツ振興センター

ので、この学校を建てたお坊さんが、おにぎり、焼き魚、漬け物の昼食を出したところ、みんな大喜びで食べたそうです。

そして、今から100年前くらいから、小学生の栄養状態を改善するために、給食がだんだんと広がっていきました。

ちなみに、給食がきっかけで生まれた定番メニューがいろいろあります。たとえばパン屋さんでもよく売られている揚げパンは、給食がきっかけで誕生したメニューです。

最近は、朝食を食べてこられない子どもたちのために朝給食を出している学校もあるよ。

クリームシチューは、給食として生まれ、家でも食べられるように食品メーカーがシチューのルウを開発したんだって。
へえ。クリームシチューって、給食がきっかけで、家庭料理の定番になったんだね。

日本の小学校では、小学生が自分たちの教室をそうじするのは、当たり前のこととして受け止められていますね。

じつは江戸時代の寺子屋のころから、子どもたちは勉強を教わる場所のそうじをしていました。

小学生が教室のそうじをするのは日本だけ？

みんなで協力しながら教室をきれいにするのは、気持ちがいいものですね。

では、外国の小学校ではどうしているのでしょう。

アメリカやヨーロッパの多くの国ぐにでは、そうじの専門業者や守衛さんが教室などのそうじを行っています。

一方、アジアの中国や韓国、シンガポール、フィリピンなどでは、日本と同じように、小学生がそうじをしている国もあります。

日本を参考に
自分たちの手で
そうじする国が
ふえているって。

フィリピンでは、ヤシの実で
ゆかをピカピカにみがいているんだって。

日本初の運動会の目玉はぶた追い競走だった

日本初の運動会は、今から約150年前に海軍の兵隊さんになるための学校で開かれました。

今でも行われている徒競走や障害物競走、二人三脚などおなじみの競技のほか、グランドに置かれた卵を拾い集める「卵拾い競走」や、水の入ったおけを頭にのせて

兵隊さんの運動会は、イギリスから来た先生が提案して始めたんだってね。

運ぶ「水おけ運び競走」など、おもしろい競技が多くありました。中でも「ぶた追い競走」は、会の終盤を盛り上げる競技だったようです。

また、カバンやステッキなどが賞品として出されました。

「運動会」という名前を初めて使ったのは？

「運動会」という名前を最初に使ったのは、東京大学で、1882年に「運動会」という名前で陸上競技などの大会を行った。ちなみに、運動会を行った理由は、「勉強ばかりしているとうるおいがなくなるから」だという。

「ぶた追い競走」では、子ぶたに油がぬってあったんだって。だからつるつるすべってなかなかつかまえられず、ぶたも生徒もへとへとになったというよ。
ぼくだったら、「水おけ運び競走」に出てみたいな。

運動会の赤組・白組は源平合戦がもと

運動会では、多くの学校で、全学年を赤組と白組に分けて、勝敗を競います。

なぜ、赤組と白組に分けることになったのかというと、今から約840年前の武士たちの戦いが関係している

800年以上も前なんて、想像がつかないな。

のです。

当時、武士たちの間では、二大勢力である源氏と平氏がはげしく戦っていました。これを源平合戦といいます。このとき、平清盛率いる平氏が赤い旗印を使い、源頼朝率いる源氏が白い旗印を使うことで、大勢の戦いの中で敵・味方を見分けていました。

これを参考にして、運動会で全校生徒を赤組・白組に分ける方法がとられるようになりました。

わたしは、今年白組！ということは、源氏ね！

学校によっては、赤組・青組・黄色組などに分かれて、各競技の合計点を競っていく方法をとっているところもあるよ。

遠足は体をきたえるために始められた

お弁当とおやつを持って出かける遠足は、学校生活の中でもとても楽しいイベントの一つ。

江戸時代の学校ともいえる寺子屋のころから、お花見や山で遊ぶなどの遠足のようなものはありましたが、今につながる遠足が始まったのは、明治時代に入ってからです。

昔は、体をきたえることがとても大事なことだと思われていたんだね。

でも、今とはちがって、体育の授業の一部として、体をきたえることが目的でした。そのため、野原や海岸、公園に隊列を組んで行進して行き、そこで体操をしたり、遊んだりして学校にもどってくるといったものでした。

11泊12日の長～い修学旅行

日本初の修学旅行は明治時代。東京高等師範学校（今の筑波大学）という、先生になるための学校の生徒が、東京から千葉への１１泊１２日という長期間の「長い道のりの遠足」をしたのが始まりとされる。その後、交通の発達で汽車を使うようになり、小学生にも修学旅行が広まっていった。

体をきたえるための遠足って、楽しかったのかな？
昔の修学旅行は、宿に何泊もするから、自分たちでお米を持ち込むこともあったんだよ。

学校の七不思議はじつは七つ以上ある

トイレの花子さんや夜中に目の光るベートーベンの肖像画など、学校には七不思議と呼ばれる怖い話がいろいろあります。中には、ちょうど七つ知ると、のろわれるなどという迷信までついていることもあります。もっとも、学校によっては、八つの話で八不思議だったり、四つの話で四不思議だったりします。また、同じ花子さんでも、地域によってちがう話になっていることもあります。学校の七不思議は、日本全国の学校から集めるとかなりの数になります。

トイレの花子さん

代表的な七不思議はこの七つ。

ひとりでに鳴りだすピアノ

目の光るベートーベン

幽霊の映る鏡

動く人体模型

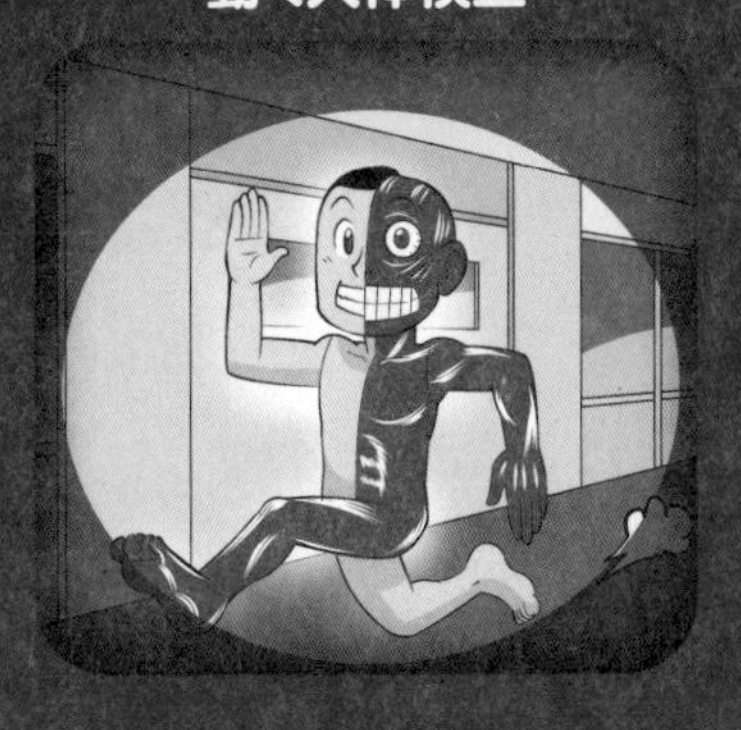

開かずの教室

一段多い階段

代表的な学校の七不思議

学校の七不思議

1

トイレの花子さん

校しゃの３階のトイレがあるでしょ。３番目のドアを３回ノックして「花子さん、いらっしゃいますか？」と話しかけると、返事が聞こえるんだって。ドアを開けると花子さんにトイレに引きずり込まれるから気を付けて。

学校の七不思議

2

目が光るベートーベン

音楽室の壁に、作曲家の絵がかざってあるでしょ。
ベートーベンという人の絵なんだけど、
顔をじっくり見たことある？　ある先生が、夜に音楽室を
のぞいてみたとき、目が光っていたんだって。

学校の七不思議

3

ひとりでに鳴りだすピアノ

音楽室にあるピアノはね、午前0時になると「ポロロン、ポロロン」と、ひとりでに鳴りだすんだって。なんでも、ずっと昔に死んじゃった、音楽の先生の霊かピアノの好きな女の子の霊がひいているそうだよ。

学校の七不思議

4

動く人体模型

理科準備室に置いてある古い人体模型、見たことある？
体の中身が半分見えててちょっとこわいよね。
じつはあの人体模型、夜中になると学校の校しゃの中を
走り回っているんだって。

学校の七不思議

5

幽霊の映る鏡

西側の階段の２階と３階の間におどり場があって、大きな鏡があるでしょ。あれって夜にのぞきこんじゃだめだよ。死んだ男の子の幽霊が映っているとか、鏡の向こうに連れていかれるとかってうわさがあるよ。

学校の七不思議

6

一段多い階段

これは東側の階段の話。あの階段の数、数えたことある？本当は12段なんだけど、夜になると13段になるんだって。うっかり13段目をふんじゃうと、あの世に連れていかれてしまうらしいよ。

学校の七不思議

7

開かずの教室

古い校しゃの一番おくの教室。
あそこ、「開かずの教室」なんだって。気になるからって開けようとしたらだめだよ。部屋をのぞきこんだ人は、たたられるってうわさだから。

先生たちは夏休みもいそがしい

長い夏休み、学校の先生たちもお休みなのでしょうか。

じつは、先生たちは、夏休みもいそがしい毎日をすごしているのです。

たとえば、自主的にほかの学校の先生たちと授業のやり方などの勉強会を開いたり、講習会に参加したり、別の職業の人たちと交流して、社会の現状を細かくつかんだりして、授業に役立てようとしています。

また、登校している日は、水泳の指導や2学期の準備のほか、むし暑い音楽室で楽器のふきそうじをしたり、校庭の遊具のペンキをぬり直したりと、学校全体の点検や道具の手入れなどをしているのです。

わたしは地元の夏祭りで見回りをしている先生を見かけたことがあるよ！

先生って、ぼくたちと同じように休んでるわけじゃないんだね。たいへんだなあ。

もちろん、しっかりと休みも取っているよ。心も体も元気な状態で、休み明けに子どもたちを迎えられるようにしているよ。

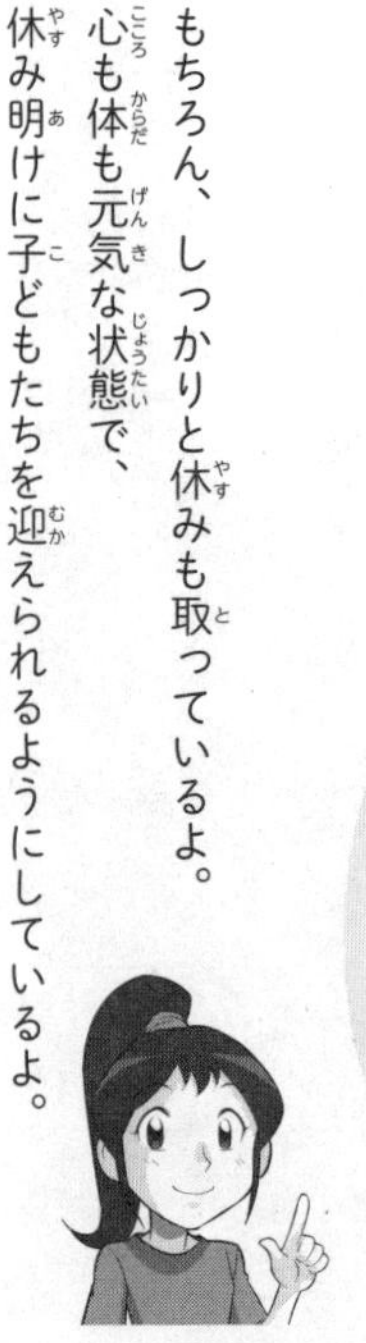

3章

勉強道具のひみつ

ランドセルはもともと兵隊さんのかばんだった

1885年に東京の学習院初等科という学校で、登下校に布製の背負いかばんを使うようになりました。この背負いかばんはオランダ語でランセルといいます。

ランセルは、江戸時代が終わるころ、

お母さんたちが子どものころは、赤か黒ばかりで水色や紫色のランドセルは、なかったんだって。

外国から日本に入ってきたもので、陸軍の兵隊さんが使っていました。これがランドセルの名前のもとだといわれています。

そして、2年後の1887年。大正天皇の学習院初等科への入学祝いに、当時の総理大臣である伊藤博文が、革製で箱形の背負いかばんを贈りました。これが今の箱型のランドセルの起源といわれています。

第二次世界大戦後に、「子どもが楽に勉強道具を運べる」「両手が自由に使える」ということで、ランドセルは全国に広まりました。

今は、いろんな色があるし、タブレットが入る場所があるものもあるね！
ランドセルができる前はふろしきに勉強道具を包んで背中にしょって登校していたというよ。

学校で配られる教科書はタダ

日本の小学校では、みなさん一人ひとりに教科書が配られていますね。

じつはこれらの教科書、義務教育期間の小学1年生から中学3年生までは、無料でみなさんに配られているのです。日本の未来をになう子どもたちへの期待をこめてというのがその理由です。ですから、大事に使いたいですね。

ちなみに教科書は、国が作っているのではありません。そ

4月10日は教科書の日

「よ（4）いと（10）しょの日（よい図書の日）」というごろ合わせから、2010年に教科書協会というところが制定した。

郵 便 は が き

おそれいりますが切手をお貼り下さい

104-8011

朝日新聞出版　生活・文化編集部
ジュニア部門　係

お名前		ペンネーム	※本名でも可		
ご住所	〒				
Eメール					
学年	年	年齢	才	性別	
好きな本					

※ご提供いただいた情報は、個人情報を含まない統計的な資料の作成等に使用いたします。その他の利用について詳しくは、当社ホームページ https://publications.asahi.com/company/privacy/ をご覧下さい。

☆本の感想、似顔絵など、好きなことを書いてね！

ご感想を広告、書籍のPRに使用させていただいてもよろしいでしょうか？

1．実名で可　　2．匿名で可　　3．不可れぞれの出版社が作ったものを、教科書にふさわしいか国が審査して、合格したものが使われています。

一方、アメリカやヨーロッパの国ぐにでは、教科書は自分一人のものではなく、何年にもわたってみんなで大事に使っていくものと考えられています。見た目も図鑑のように大きくて分厚く重いので、基本的には学校に置いておきます。

かばんに教科書を入れなくていいので、登下校のときに軽くてよさそうですね。

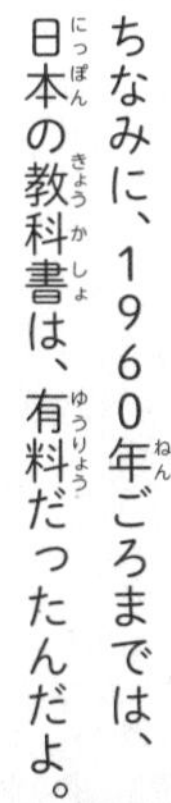

ちなみに、1960年ごろまでは、日本の教科書は、有料だったんだよ。

最近は、タブレットの電子教科書を使うことも増えたよね。

昔、学校で使っていたノートは石の板だった

今から約150年前の明治時代初期、紙は貴重品でした。そこでノートの代わりに使われていたのが石の板、「石盤」です。

日本が教育制度を見習った欧米の学校でよく使われていたもので、いわば小さな黒板です。ろう石という白い石で作った

昔の子どもは、小さな黒板みたいなもので、漢字の練習をしていたんだね。

鉛筆で文字を書き、布でふき取ることで何度も使うことができました。

紙のノートを使うようになったのは、明治時代の1880〜90年ごろです。当時のノートは、紙の上の方に穴を開け、こよりでとじたもので、「雑記帳」や「帳面」と呼んでいました。

今のようなノートの登場は1900年代になってからのことです。

石盤

黒い石の板を、こわれないように周りを木のわくで囲っている。今でもフランスの小学校などで使われている。

石盤に使われてきた石は、平らにけずりやすいから、今でも家の屋根によく使われているんだって。

石盤が使われるようになる前、江戸時代の寺子屋では、半紙をたばねたものが使われていたよ。

鉛筆1本で書ける線の長さは校庭250周分

みなさんは、鉛筆1本でどれくらいの長さの線が書けるか知っていますか。

ある鉛筆メーカーがHBの芯で実験したところ、なんと50キ

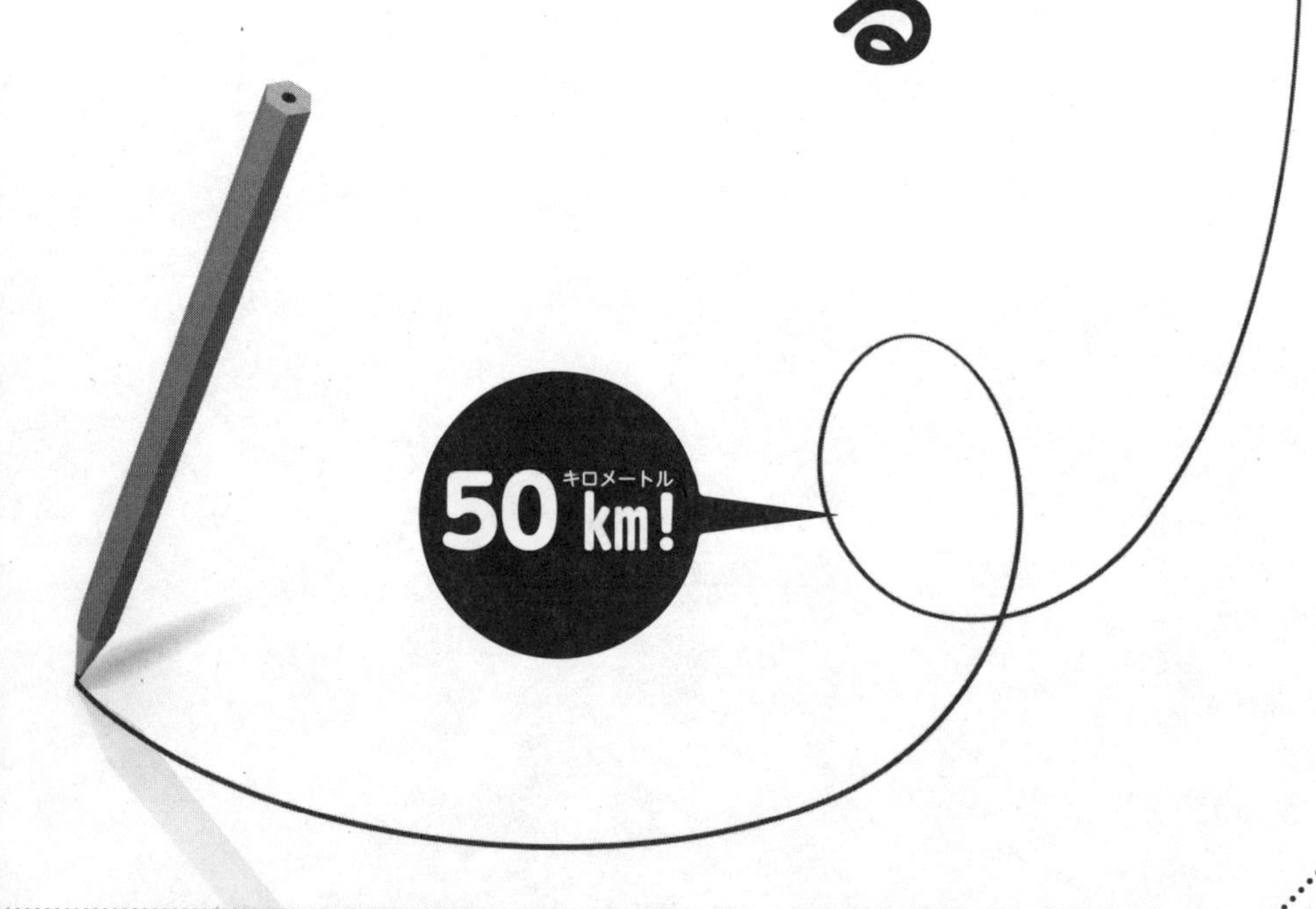

ロメートルもの長さの線が書けたそうです。小学校の校庭のトラックを1周200メートルとすると、250周するほどの距離です。

ちなみに、小学校で鉛筆が使われるのは、文字の「とめ・はね・はらい」が書き表しやすいからです。わたしたちは、知らず知らずのうちに、鉛筆を回しながら文字を書いているため、先が円すい形になりやすく、「とめ・はね・はらい」がしやすいのです。

50キロメートルってことは、フルマラソンの距離(42.195キロメートル)よりも長いんだね!

鉛筆のじくに6角形が多いのは、机に置いたとき、転がりにくいからなんだって。

ちなみに、徳川家康が持っていたと言われている鉛筆が今でも残っているんだよ。

授業用の鍵盤ハーモニカは日本で誕生した

ふだんみなさんが使っている鍵盤ハーモニカは、音楽の授業のために、日本のメーカーが作り出したものです。

今から約60年前、教室にある鍵盤楽器といえばオルガン1台。一人ひとりに授業時間内でひき方を教えていくには

音楽室や体育館にも
簡単に持ち運びできるから、
音楽会や学芸会でも
使いやすいよね。

不向きでした。そこで、日本の楽器メーカーが目をつけたのが、ヨーロッパで発明された小さくて持ち運びのしやすい押しボタン式の鍵盤ハーモニカでした。これをもとに改良を加え、授業用の鍵盤ハーモニカが誕生しました。

一人ひとりが机の上に置いて使うことができ、小さな子どもが吹く息の強さで音が出せて、まさに音楽の授業にピッタリの楽器が誕生したのです。

絵の具にはゴムが入っている

図工の時間に使う水彩絵の具のおもな成分は、色のもとである顔料と、ねばり気を出す材料です。ねばり気が必要なのは、顔料を画用紙にくっつけなくてはならないからです。このねばり気は、アラビアゴムというゴムがもとになっています。アラビアゴムは、アカシアの仲間

のアラビアゴムの木の樹液で、水にとけやすく、食品の添加物としても使われています。

小学生用の水彩絵の具は、半透明水彩絵の具という種類です。溶かす水の量によって、色の重なりが透けて見えたり、後で塗り重ねた色だけが見えたりするように作られています。

3色でじゅうぶん?

赤、青、黄色の３色は色の３原色と言われていて、この３色があればいろいろな色を作ることができる。

パレットの上で色を混ぜて、新しい色を作るのも楽しいよね。

緑色のかわりに「ビリジアン」という色が入ってることもあるよね。

ビリジアンは、ビリジアンという鉱物から作った色で、緑色とは別の色。ほかの色をまぜても作ることのできない特殊な色なんだって。

中国・四国地方の小学校は制服が多い

ある調査で、20さい以上の人に小学生のころどんな服で通学していたか聞いたところ、約76%が私服、約20%が制服や標準服、約4%が体操服という回答でした(※)。圧倒的に私服が多いですね。でも、岡山

※菅公学生服調べ(2013年)

県や山口県、香川県など中国・四国地方では、制服の小学校のほうが多いのです。

特に学生服の生産が盛んな岡山県では、90％以上の小学校が制服です。ほかにも、繊維工業がさかんな地域で制服が多くなっています。

また、「学校に着ていく服に悩んでいる」とか「服装がどんどん派手になっている」といった保護者の声をきっかけに、制服になった学校もあるようです。

制服だと着ていく服に悩まなくてすむかも。

でも、お気に入りの服も着ていきたい気がする。

昔は、着物やはかまで学校に通っていたよ。
でも、体操をする際に、大きなそでがじゃまになった。
それで、洋服で登校するようになったんだよ。

体育用の赤白帽は落語家の発明品

みなさんの学校では、体育の時間にかぶる帽子は何色でしょうか。赤白で裏表で色を変えられる帽子、という人も多いかと思います。

この赤白帽を発明したのは、70年くらい前に活やくしていた落語家であり発明家でもあった柳家金語楼という人です。

赤白帽が登場する前は、赤や白のはちまきを使っていました

柳家金語楼

昭和時代の落語家。発明家や陶芸家としても活躍した。

写真:朝日新聞社

が、炎天下での活動で日射病になってしまわないように、赤白の帽子が発明されたのです。

今では、赤と白だけでなく、青と白、黄色と緑などいろいろな色の帽子があります。

ちなみに、
体操服には、
下のような
話があるよ。

体操服に着替えるのは珍しい?

日本の小学校の体育の授業は、体操服に着替えて行うのが当たり前。アジアでは日本と同じように、体操服に着替えている国がいくつもあるけれど、アメリカやヨーロッパでは、着替えはせずに普段着のままで走ったり球技をしたりする学校が多い。

リバーシブルっていうやつだね。
ぼくの学校のは、首に直射日光が当たらないように首カバーがついているよ。

視力検査のCマークは「ランドルト環」という

学校での視力を測るときに使われている、Cのような形のマークは、「ランドルト環」といいます。

1888年にフランスのランドルトという眼科医が考案したものです。ランドルトは、世界的に有名な探偵小説

0.1
0.2
0.3
0.4
0.5
0.6
0.7
0.8
0.9
1.0
1.5
2.0

「シャーロック・ホームズ」で有名な作家、コナン・ドイルの友人です。

視力検査では、昔から小学校での健康診断の1つとして行われてきました。最近の日本の小学校での視力検査では、裸眼の視力1・0未満の割合が、小学生の3～4人に一人（※）。約30年前に比べて、目が悪い小学生の割合は、約1・8倍に増えていることがわかりました。

4.0	0.1
4.1	0.12
4.2	0.15
4.3	0.2
4.4	0.25
4.5	0.3
4.6	0.4
4.7	0.5
4.8	0.6
4.9	0.8
5.0	1.0
5.1	1.2
5.2	1.5

おたまのような形をした片目をかくす道具は「しゃがんし」っていうんだって。

アメリカや中国でよく使われているのは「Eチャート」。「E」の文字の開いている方向を答えるんだって。

※「学校保健統計調査（2021年度・1990年度）」より

知ってびっくり！

こんな学校！

今回はいろんな学校編。日本にある、知ったらびっくりするようないろんな学校を紹介するよ。いったいどんな学校があるのかな？

空がとっても近くにある！

日本一高い場所にある小学校

近くには日本一高い場所にあるJRの駅も

長野県にある、「南牧村立南牧南小学校」は、標高1327メートルの高さにあって、小学校としては標高日本一。近くには標高1345メートルでJRの駅として一番高い所にある野辺山駅もあります。

日本はとても広い

日本一北と南にある小学校

2つの距離は約2900キロメートル!

日本一北にある小学校は、北海道にある「稚内市立大岬小学校」で、日本一南にある小学校は沖縄県の波照間島にある「竹富町立波照間小中学校」です。2つの小学校の距離は、直線で約2900キロメートルもあります。

この名前、覚えられる?

日本一名前の長い小学校

2つの県にまたがる小学校

日本一名前の長い小学校は、高知県と愛媛県にまたがった場所にある、「高知県宿毛市愛媛県南宇和郡愛南町篠山小中学校組合立篠山小学校」です。なんと漢字で30文字！中学校もある、小中一貫校です。

海の生き物を
身近に感じる

水族館のある小学校

サメも泳ぐ本格的な水族館

神奈川県にある「横浜市立間門小学校」には、水族館があります。サメやエイのほか、東京湾や近くの海にすむ魚たちが展示されています。水族館委員会があって、子どもたちも魚の世話をしています。

目の前は
日本最大の湖

湖にうかぶ島の小学校

学校に船で通う子どもたちもいる

滋賀県にある「近江八幡市立沖島小学校」は、琵琶湖にうかぶ沖島にある小学校です。湖の島にある小学校は日本ではここだけ。島の外から通う子どもたちは、毎日船で登校しています。

4章

勉強のひみつ

45分授業なのは小学生の集中力にちょうどいい時間だから

小学校の1回の授業時間は、45分が多いですね。これは今から70年前、子どもたちが1つの授業に

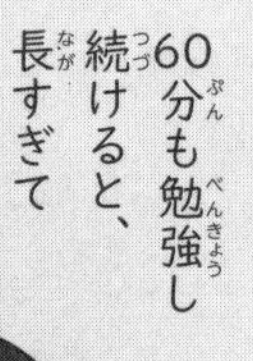

集中していられる時間をたくさんの人でいろいろと検討を重ねた結果です。

ちなみに、中学校や高等学校では授業時間は50分が多く、大学ではおもに小学校の2倍の90分授業です。大学では特に決まりはありませんが、授業にあてる総時間数から計算して、90分となっているようです。また、大人の集中力の限界は90分だともいわれています。

アメリカの小学校は授業時間がまちまち

アメリカの小学校の時間割は、日本とちがって毎日同じ。授業時間も日本とちがって、45分と決まった時間ではなく、やることによって時間がまちまち。

教える側も、30分だと短すぎて、教えたいことをしっかり教えることがむずかしいかな。

みんな知ってる桃太郎の話は教科書で広まった

みなさんが知っている桃太郎のお話は、桃から生まれた桃太郎が、悪さをするオニを退治するストーリーですね。

ところが昔の桃太郎の話は、桃太郎が桃から生まれずおばあ

さんから生まれていたり、桃太郎がなまけものだったり、オニが悪いことをしたかどうかがはっきりしないまま鬼ケ島へ行ってオニ退治をしていたりと、地域によってさまざまでした。

今から約140年前、日本各地で語り継がれていた「桃太郎」が、小学校の教科書に初登場しました。このときに、悪いことをするオニを退治するヒーローとして、教科書を通して全国に広まったのです。

みんな同じ教科書を読むから、教科書バージョンの桃太郎が広まったのか。

第二次世界大戦の後は、「桃太郎」が教科書にのることはなくなったよ。

九九は昔「九九 八十一」から覚えていた

2年生の算数で習うかけ算九九。一の段から九の段まで言うときは、「一一が 一」から始めます。なのになぜ、「一一」ではなくて「九九」というのでしょうか？

「九九」は今から1200～13

9の段	8の段	7の段	6の段
9×9=81	8×9=72	7×9=63	6×9=54
9×8=72	8×8=64	7×8=56	6×8=48
9×7=63	8×7=56	7×7=49	6×7=42
9×6=54	8×6=48	7×6=42	6×6=36
9×5=45	8×5=40	7×5=35	6×5=30
9×4=36	8×4=32	7×4=28	6×4=24
9×3=27	8×3=24	7×3=21	6×3=18
9×2=18	8×2=16	7×2=14	6×2=12
9×1=9	8×1=8	7×1=7	6×1=6

ここからスタート。上手に言えるかな？

00年前に、中国から日本へ伝わってきました。このころ「九九」は、「九九　八十一」から始まっていました。それで、「九九」とよばれていたのです。

ただ、「九九　八十一」から始まるのは覚えにくかったのか、江戸時代になると、今のように「一一が一」から始まるかけ算九九が広く使われるようになりました。

昔、「九九」の便利さに
おどろいた支配者たちが、
「一般の人びとには
広めたくない」と考え、
わざとむずかしい
「九九　八十一」から
唱えていたという説があるよ。

1×9=9	2×9=18	3×9=27	4×9=36	5×9=45
1×8=8	2×8=16	3×8=24	4×8=32	5×8=40
1×7=7	2×7=14	3×7=21	4×7=28	5×7=35
1×6=6	2×6=12	3×6=18	4×6=24	5×6=30
1×5=5	2×5=10	3×5=15	4×5=20	5×5=25
1×4=4	2×4=8	3×4=12	4×4=16	5×4=20
1×3=3	2×3=6	3×3=9	4×3=12	5×3=15
1×2=2	2×2=4	3×2=6	4×2=8	5×2=10
1×1=1	2×1=2	3×1=3	4×1=4	5×1=5

たしかに、
むずかしいと
覚えるのが
大変だから
広まらなさそう
だね。

英語ができれば、世界の四分の一の国の人と話せる

全国の小学校では、3年生から英語の授業がありますね。昔と比べて、旅行や留学、仕事などで外国の人と接する機会は増え、外国の人たちとのコミュニケー

ションは、だれもが体験することになりつつあります。

　そこで、日本でも小学生のうちから外国の言語を理解したり、世界の国ぐにを理解してコミュニケーション能力を高めていこうとしているのです。

　世界で、英語を正式な国の言葉として話している国は54か国、世界の国のおよそ四分の一にもなります。英語が話せるようになれば、世界のさまざまな国の人と話し、友達になれるのです。

ぼくはアメリカの野球のメジャーリーグに行きたいから、英語を話せるようになりたいな。

英語がわかれば、家にいてもインターネットを通じて、さまざまな人の考えにふれることもできるね。

昔の学校には、ふすまの開け閉めの授業があった

今の小学校は、男子と女子がいっしょの教室で勉強しますが、ずっと昔は、女子と男子で別々の授業を受けていた時代もありました。

約100年前の女子の授業の中には、運動場にふすまやしょうじを立てて、開け閉めの練習をし

みんなの前でふすまの開け閉めの試験をしているの？

ふすま・障子の開け方の訓練会の様子（東京の麻布小学校 1920年）

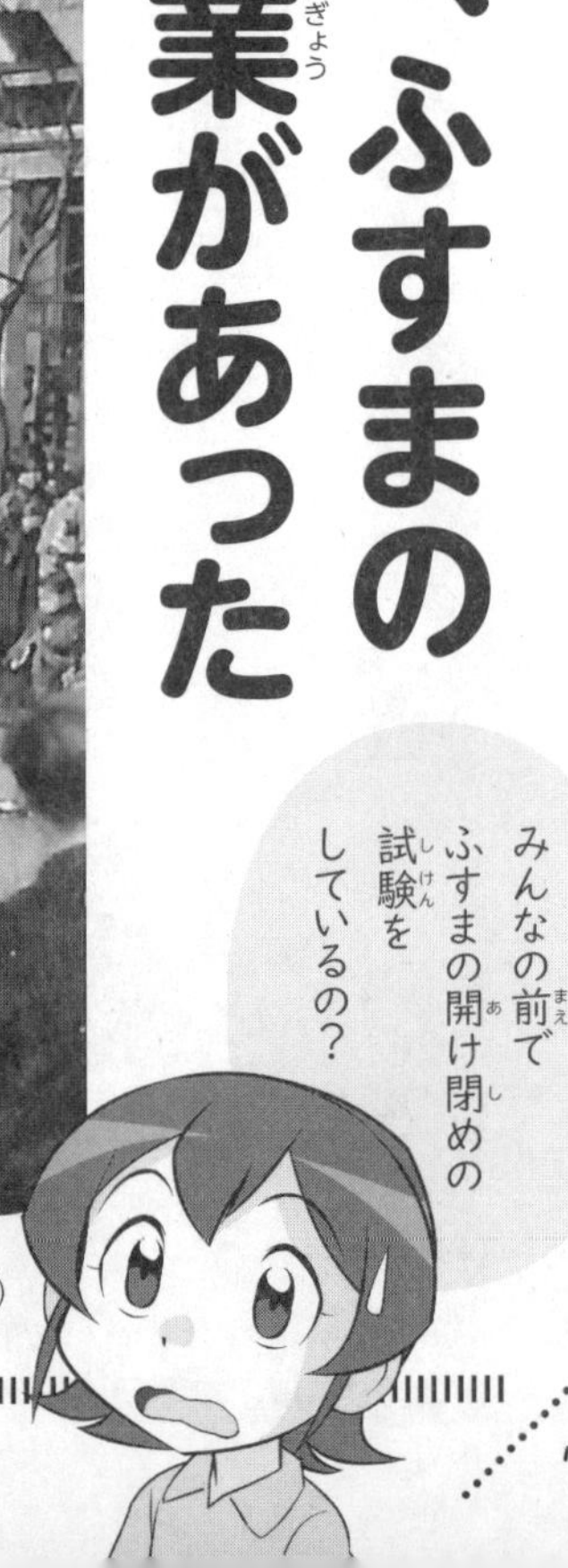

たり、和室を使ってお茶の運び方を習ったりというものがありました。また、男子には、武道などの授業がありました。

今とちがった昔の国語の授業

100年くらい前の国語の授業では、小学1年生は最初に、「サイタ　サイタ　サクラガ　サイタ」のように、ひらがなよりも先にかたかなの読み方を習っていた。ひらがなを先に習うようになったのは、約80年前から。

礼儀作法も学校で教えていたってことか。

写真：デジタル港区教育史

ちなみに昔は、学科の試験で合格点にとどかなければ、小学生でも落第していたんだって。

小学校の先生はわりと多くの人がピアノをひける

小学校の先生を目指す人の多くは、大学の教育学部で勉強し、小学校に教育実習に行って、先生になるための試験を受けています。

少し前までは、小学校の先生は全科目、担

わたしは小学校の先生になりたいから、今からピアノを練習しておこうかな。

任の先生が教える可能性が高かったため、筆記試験のほかに実技試験が多くの都道府県で行われてきました。簡単な曲をピアノでひきながら歌を歌う試験や、クロールと平泳ぎで25メートルずつ泳ぐなどの水泳の試験もありました。それで、多くの先生が、ピアノがひけて水泳もできるのです。

もっとも最近は、水泳やピアノの実技試験をしない県も多くなっているようです。

※一部の地域では、市で教員採用試験を行うところもあります。

テストで100点を取らなくてもいい？

学校では、漢字テストや計算テスト、それに1つの単元が終わったときのまとめテストなど、さまざまなテストをしますね。

テストをする目的は、学校の授業で習ったことを、どこまで理解しているのかを知るためです。先生が知るためでもありますが、自分自身が知るためでもあります。
もちろん、100点を取ることはいいことです。でも、テストの目的から言えば、100点が取れなくても、まちがったところを勉強し、実力を高めていくことがとても大事なのです。だから、テストは受けっぱなしにせずに、必ず見直すことを心がけましょう。

昔は卒業試験があった

ずっと昔の小学校では、進級するにも卒業するにもテストに合格しないといけなかった。世界でも、シンガポールなどのように卒業試験に合格しないと小学校を卒業できない国がある。

そっか、別に100点を取らなくてもいいなら、テストは気楽に受けられるな。

テストは受けた後も大事ってことか。

でも、受けっぱなしはだめだよ。ちゃんとまちがったところを見直して、しっかり復習をしてね。

勉強するのは将来の夢をかなえるため

そもそもなぜ勉強をするのでしょう。

さまざまな勉強をする中で、自分では今まで気づかなかった、「すきなこと・やりたいこと」に出合うことはよくあることです。また、勉強したことが将来の夢に役立つこともあります。

たとえば、ケーキ作りが好きな人は、粉や牛乳の計量に、理科で習う単位や計量の知識が使えます。

将来、新聞記者を目指している人は、文章力だけでなく、あちこちに飛び回って取材をしていく体力が必要です。体育で体をきたえておかねばなりませんね。

このように、学校の勉強は、今すぐピンとこなくても、将来意外な場面でいろいろと生かされていくものなのです。

勉強をとおして、「努力する力」や「順序立てて考えていく力」、「予測する力」など、一生使えるいろいろな力も備わっていくよ！

知ってびっくり！こんな学校！

最後はおもしろ授業編。
世界には、日本とはまったくちがう
おもしろ授業があるよ。
ここでは、そんなおもしろ授業のいくつかを紹介。

コンピューターが得意になる授業

ゲームアプリ開発

インド

小学校でプログラミングができるようになる

インドは世界でも有数のＩＴ大国で、小学校低学年からコンピューターの授業があります。その中で、プログラミングの勉強のために、ゲームアプリやアニメーションなどを作ることがあります。

自分の身を守る授業

護身術

イラン

戦争の経験から生まれた授業

イランはアジアと中東の間にある国です。となりにあるイラクという国と8年間も戦争をしていた歴史があります。そのため、学校では自分の身を守るための護身術を学ぶ授業があります。

小学校低学年からチェスを学ぶ

チェス

ジョージア、アルメニア

西洋のしょうぎ、チェス人気の高い国

黒海という海のほとりにある小さな国ジョージアと、その南にあるアルメニアはチェスが盛んな国。チェスの強い選手がたくさん出ています。小学校でも、低学年からチェスの授業があるそうです。

植物のお世話をする

庭仕事

チェコ共和国

自然に親しむ国ならではの授業

チェコ共和国の小学校は9年間です。国民がとても自然に親しんでいる国で、授業で花を植えたり水をやったりするなど、植物のお世話をする科目があるそうです。

日本文化に親しみを持つ

日本文化

ブラジル、ペルー

その昔、日本から移民が来た歴史を持つ

ブラジルとペルーは、南アメリカにある国です。その昔、日本から多くの人が移民としてわたり、今でもその子孫の方々がくらしています。そのため、日本文化を学ぶ授業のある学校もあります。

5章 世界の小学校のひみつ

デンマークには小学0年生がいる

日本では、小学校は6さいで入学して、6年間小学校に通い、12さいで卒業します。でも、国によっては入学や卒業する年れいが、日本とはちがうことがあります。

たとえば、ヨーロッパにあるデンマークでは、最初に入る学校は日本でいえば小学校と中学校がくっつい

外国の小学校入学と卒業の年れいの例

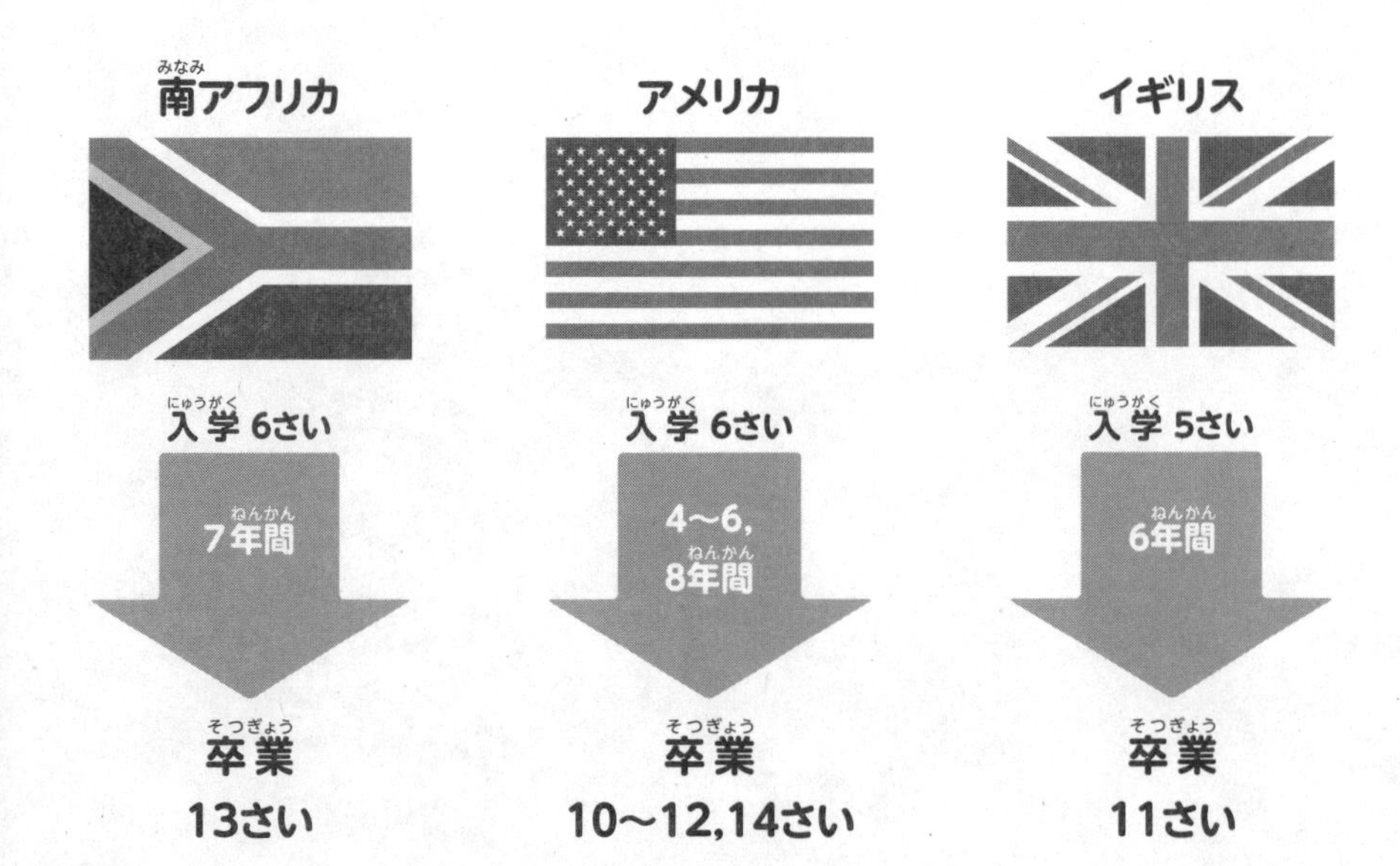

たような学校です。7さいから16さいまでの9年間を過ごします。ただし、入学する前の6さいのときに、0年生として入学準備用のクラスに入って、入学前の勉強をすることが決まりとなっています。

スウェーデンやオーストラリア、ニュージーランド、南アフリカでも、多くの子どもたちが1年生になる前の年に小学校の入学準備用のクラスに通っています。

国によって
こんなにちがいが
あるんだね！

0年生が小学校に
通ってるなんて、
びっくり！

アメリカのように、住んでいる地域によって、
小学校に通う年数がちがう国もあるよ！

バス通学が当たり前の国がある

日本の公立小学校の場合、子どもだけで歩いて登校する場合が多いでしょう。

ラオスの山奥の村には、往復7～8キロメートルの距離を歩いて通学している小学生もいます。しかし、小学生だけで歩いて登校する国ばかりではありま

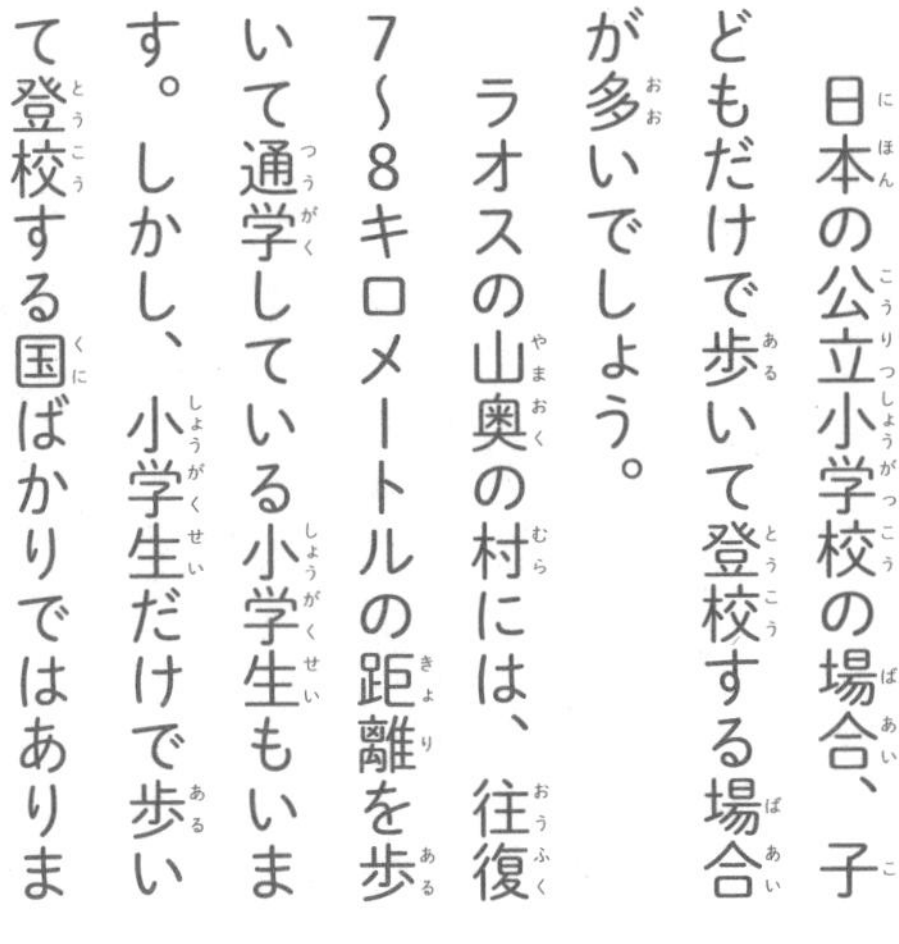

せん。

イギリスでは、子どもの一人歩きはよくないとされているので、必ずおうちの人といっしょに通学します。また、アメリカや中東にあるオマーンでは、多くの小学生がスクールバスを使って、通学しています。

ほかの国にも、大人にボートをこいでもらったり、ロバに乗って大人にひいてもらったりと、いろいろな方法で通学している小学生がいるのです。

往復7~8キロメートル歩くって、わたしだったら、2時間くらいかかっちゃう！
オマーンは日中の気温が40度を超える日が多いから、そもそも日中に外を出歩く人は少ないんだって。

登校の方法は、防犯の面から、あるいは地域の特性などによって、さまざまなんだよ。

イタリアの小学校の夏休みは3か月

イタリアの小学校は、6月の上旬に学年末をむかえます。そこから、次の学年が始まる9月中ごろまでの約3か月間が夏休みです。

夏休み期間中は、スポーツや英語、野外活動など、いろいろなサマーキャンプに参加したり、おばあちゃんたちの家に泊まりに行っ

たりして過ごしています。

アメリカやカナダは、新学年が9月に始まります。その前に2か月半ほどの夏休みがあるので、子どもたちは、イタリアと同じようにいろいろなサマーキャンプに参加して過ごしています。

夏休みの宿題がない国

ヨーロッパのラトビアでも夏休みは約3か月。とても北の方にある国で、冬は太陽が出ている時間がとても短いので、その分も夏の昼間を十分に楽しめるように、小学生には夏休みの宿題を出していない。
エジプトも夏休みは約3か月あり、宿題がないそう。

長い夏休みの間にいろいろな経験や勉強をしているんだね。

日本と季節が逆のオーストラリアでは、約6週間の夏休みの間にクリスマスがあるんだよ。

ポルトガルの学校にはおやつの時間がある

ポルトガルは、1日に5回食事をとる習慣がある国です。学校でも午前と午後の2回、おやつを食べる「スナックタイム」があって、牛乳とクッキーなどをみんなで食べます。

学校でおやつが食べられるって、なんだか楽しそう。

ほかにも学校でおやつを食べる時間がある国はたくさんあります。

アメリカでは午前10時ごろ、持参したポップコーンやドライフルーツを食べます。

オーストラリアでは休み時間に、おかしやくだものを食べます。

インドネシアやラオスなどの学校には、駄菓子屋さんのような屋台が置かれているところが多く、休み時間にたこ焼きやおだんごなどを買って食べてもよいことになっています。

勉強の集中力を
保つために、
エネルギーを
チャージするんだね！

毎日がバイキング形式の給食の国がある

日本の小学校では、決まったメニューの給食を教室で食べることが多いですね。

しかし、フィンランドやイギリスなどでは、ブッフェで好きな物を選んで食べるのが普通です。日本でいうバイキング形式ですね。日本でも特別な日に、バイキング形式の給食を行う小学

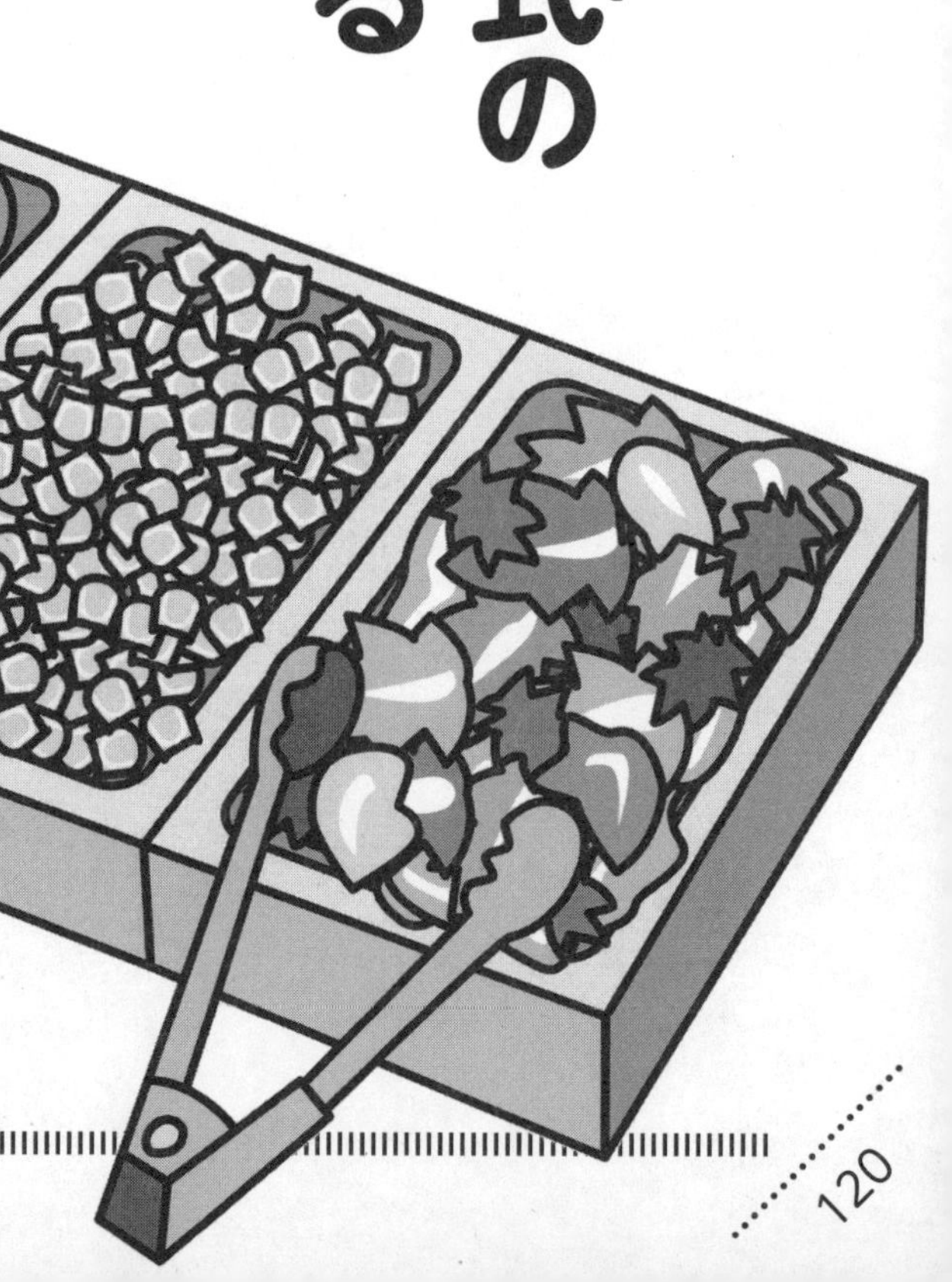

校があるようです。

昼食のとり方は、ほかにもいろいろあります。スペインでは、学校が午後2時ごろ終わるので、昼は学校で軽食をとり、帰宅してからしっかりとした昼食を家族といっしょにとります。

アメリカでは、お弁当を持ってきて中庭で食べたり、学校のカフェテリアでランチセットを買って食べたりします。

インドネシアやラオスのお昼はお弁当ですが、学校の屋台で焼きそばなどを買って食べることもできます。

アメリカでは6さいでも大学生になれる

日本では、小学校入学から大学入学まで12年かかるけど、飛び級ならひとっ飛び！
大学
高校
中学校
小学校

アメリカやヨーロッパの小学校には、「飛び級」という制度を取り入れているところがたくさんあります。

飛び級とは、学年ごとの学習内容をこえて、自分でどんどん勉強を進め試験に合格すれば、年れいに関係なく上の学年や学校に進学できる制度です。

アメリカには、この制度を利用して、わずか6さいで大学に入学し、10さいで大学を卒業した少年もいます。

逆に、シンガポールやアフリカのマダガスカルなどは、小学生でも卒業試験に合格しなければ、中学校に進めない「留年」の制度があります。

フランスのように、飛び級の制度も留年の制度もどちらもある国もあります。

海外に留学している日本人で、
飛び級で大学に入学した人もいるよ。

アメリカの小学校にはパジャマで登校する日がある

アメリカの小学校には、パジャマを着て学校に行く日があります。「パジャマデー」といいます。

自由参加なので、着ていかなくても問題ないのですが、ほとんどの子どもが、自まんのパジャマで登校するそうです。

楽しそう！
着ていくものが特別だと、学校もちがって見えそうだね！

ふだんよりリラックスしたスタイルで登校でき、お気に入りの枕やぬいぐるみをいっしょに持って行く小学生もいます。この日は、先生もパジャマです。ゆったりとくつろいだふんいきの中で、いつもは話せないようなことを話すと、お互いへの理解も深まりますね。

このような特別な服を着て登校する日は、ほかにもあります。たとえば、おもしろいくつ下をはいて行く日や、絵本のキャラクターになりきる日などが、年に数回あります。

ハロウィーンみたいで、なんだかわくわくしちゃうよね。

カナダやオーストラリアにも「パジャマデー」を行っている学校があるんだよ。

フランスでは「書く」宿題禁止

フランスでは、計算問題や作文など、紙に書くタイプの宿題を出すことが法律で禁止されています。

大家族で暮らしているために落ち着いて家で宿題をする状況ではない子どもや、宿題でわからないことがあっても聞く大人

フランスの小学校の授業の様子

写真：朝日新聞社

がそばにいない子どもへの負担が大きいとフランスでは考えられているようです。その代わりに、学校の中で自主学習をする時間を設けている学校もあります。

中国でも2021年に小学1~2年生には宿題を出すことが禁止されました。

8月31日は「宿題の日」！

8月31日は「宿題の日」。といっても、「この日に夏休みの宿題をまとめてやりましょう」という日ではなくて、「学べる喜びに気づく日」として制定された日だ。ＳＤＧｓの目標４にあるように、世界中の子どもたちが質の高い教育を受けられるようになるといいね。

フィンランドの休み時間はマイナス15度くらいまでは外遊び

フィンランドの冬はとても寒さが厳しく、気温がマイナス20度以下になり、室内で過ごさなければならない日が続くことも

めずらしくありません。しかし、心身の発達には外遊びが大切との考えから、マイナス15度くらいの日なら、小学校の休み時間は、全員外遊びがすすめられています。雨でも雪でも、基本は外遊びなのです。

ベトナムの昼休みは、お昼寝タイム！

暑い国のベトナムの小学校では、昼食をとった後の休み時間は、教室でみんなで横になって昼寝をする。暑さでつかれた体を休めてから、午後の授業を受ける。

雪遊び、楽しそう！
…寒そうだけど。

雨や雪の日は、
ぬれない上着を着て、
校庭で遊ぶんだって。

学校の休み時間は、それぞれの国の気候に合わせた
過ごし方をしているんだね。

モンゴルには家族とはなれて暮らす小学生がいる

モンゴルには、ヤギや牛を飼って、モンゴルの広い草原を1年中移動しながら生活する「遊牧民」とよばれる人たちがいます。
1年中移動して暮らしていると、なかなか学校に通うことがで

モンゴルって強いおすもうさんがよく出る国だよね。
家族とはなれて寮生活なんて、ぼくだったら、さびしいな。

モンゴルの遊牧民は、季節によって移動しながら、パオというテントで暮らしている。

きません。そこで遊牧民の子どもたちは、小学生になると、親の元をはなれて、入学する学校の近くにある寮や親せきの家で暮らしながら小学校へ通うのです。

モンゴルの遊牧民の子どもたちは、たった6さいで、家族とはなればなれで暮らすことになるのです。そして週末や、夏休み、冬休みのような長い休みだけ家族の元に帰ってすごします。

モンゴルの小学校では、4年生からスタートする外国語の授業で、日本語を選ぶ子どもが多いそうだよ。

カンボジアの小学校は午前と午後で入れ替え制

アジアの国、カンボジアは、午前か午後のどちらかに学校に行って授業を受ける、二部の「入れ替え制」になっています。なぜかというと、戦争によって、学校そのもの

も先生も不足してしまったからです。

　ブラジルも、国内のさまざまな理由で学校が不足しているため、午前か午後の二部制（地域によっては三部）の入れ替え制になっています。登校時間までは、スポーツ活動などをして過ごしています。

さよならー
こんにちはー

学校も先生も増えるといいね。

ほかにも、ベトナムやフィリピンなど、教室が足りないために、小学校の二部制を取っている国は、決して少なくないんだよ。

参考文献・資料

『ビジュアル版 学校の歴史 ①〜④』岩本努、保坂和雄、渡辺賢二・著（汐文社）／『日本の歴史 明治維新から現代 8 子どもと教育の歴史』坂井俊樹・監修（ポプラ社）／『ふくろうの本 図説 教育の歴史』横須賀薫、千葉透、油谷満夫・著　横須賀薫・監修（河出書房新社）／『日本のもと 学校』齋藤孝・監修（講談社）／『日本人の20世紀 くらしのうつりかわり 6 小学校』宮田利幸・監修（小峯書店）／『学校のふしぎ なぜ？ どうして？』沼田昌弘・監修（高橋書店）／『おはなし図鑑シリーズ　みのまわりのふしぎ』小峰龍男・監修（Gakken）／『くらべる100年「もの」がたり ②遊びと学校の道具』新田太郎・監修（Gakken）／『学校の道具事典3 特別教室』横山験也・監修（ほるぷ出版）／『スポーツなんでも事典 学校スポーツ』こどもくらぶ・編（ほるぷ出版）／『まるごとわかる「日本人」はじめて百科　①生活・行事をはじめた人』湯本豪一・監修（日本図書センター）／『青弓社ライブラリー6　運動会と日本近代』吉見俊哉、白幡洋三郎、平田宗史、木村吉次、入江克己、紙透雅子・著（青弓社）／『もっと！知りたい図鑑（1）日本はじめて図鑑』田中裕二・監修（ポプラ社）／『そうだったのか！ 給食クイズ100　3日本の給食・世界の給食編』松丸奨・監修（フレーベル館）／『令和新装版　学校の怪談大事典』日本民話の会・編（ポプラ社）／『現代民話考［7］　学校・笑いと怪談・学童疎開』松谷みよ子・著（筑摩書房）／『現代に生きる妖怪たち』石井正己・編（三弥井書店）／『見ながら学習 調べてなっとく　ずかん 数字』中村滋・監修（技術評論社）／『小学生からのなんでも法律相談2巻 学校の中には法律がいっぱい』小島洋祐、高橋良祐、渡辺裕之・監修（文研出版）／『桃太郎像の変容』滑川道夫・著（東京書籍）／『これだけは知っておきたい27 数の大常識』笠原秀・著　秋山仁・監修（ポプラ社）／『のぞいてみよう 外国の小学校 ①〜③』ERIKO・著（汐文社）／『それ日本と逆!? 文化のちがい 習慣のちがい 第2期 1 ニコニコ 学校生活』須藤健一・監修（Gakken）／『絵本世界の食事16 ポルトガルのごはん』銀城康子・著（農山漁村文化協会）

文部科学省（https://www.mext.go.jp/）／外務省（https://www.mofa.go.jp/）／デジタル港区教育史（東京都港区）（https://adeac.jp/minato-city-kyouiku/top/）／林野庁（https://www.rinya.maff.go.jp/）／東京都環境局（https://www.kankyo.metro.tokyo.lg.jp/）／日本学校保健ポータルサイト（https://www.gakkohoken.jp/）／日本ユニセフ協会（https://www.unicef.or.jp/）／教員採用試験対策サイト（時事通信出版局）（https://book.jiji.com/）／明治（https://www.meiji.co.jp/）／コクヨ（ファニチャー事業部）（https://www.kokuyo-furniture.co.jp/）／みんなの教育技術（小学館）（https://kyoiku.sho.jp/）／菅公学生服（https://kanko-gakuseifuku.co.jp/）三菱鉛筆（https://www.mpuni.co.jp/）サクラクレパス（https://www.craypas.co.jp/）／全音楽譜出版社（https://www.zen-on.co.jp/）

ほか

監修　山口正

筑波大学附属中学校元副校長。中学校、高等学校の社会科教諭として長年社会科教育に携わる。『絵で見てわかる！　世界の国ぐに』『あした話したくなる　すごすぎる47都道府県』（ともに朝日新聞出版）など監修多数。

取材協力

東京都、埼玉県、
千葉県の小学校教諭の方々

文　平田雅子、大宮耕一

巻頭マンガ　工藤ケン

イラスト　工藤ケン、iStock、PIXTA、フォトライブラリー

写真　朝日新聞社、公益財団法人スポーツ振興センター、射水市教育委員会、港区教育委員会、iStock、PIXTA、フォトライブラリー

カバーイラスト　フジイイクコ

ブックデザイン&本文アートディレクション
辻中浩一＋村松亨修（ウフ）

校閲　上村ひとみ

編集デスク　野村美絵

編集　大宮耕一

あした話したくなる
おもしろすぎる
学校のひみつ

2024年3月30日　第1刷発行

監修　山口正
編著　朝日新聞出版
発行者　片桐圭子
発行所　朝日新聞出版
〒104-8011
東京都中央区築地5-3-2
電話　03-5541-8833（編集）
03-5540-7793（販売）
印刷所　大日本印刷株式会社

ISBN 978-4-02-332323-0

定価はカバーに表示してあります。

落丁・乱丁の場合は弊社業務部（03-5540-7800）へご連絡ください。
送料弊社負担にてお取り替えいたします。